Nishanwork Melkie
Birhanu Hurisa

Salmonella resistente a medicamentos de manipuladores de alimentos na Universidade de Gondar

Nishanwork Melkie
Birhanu Hurisa

Salmonella resistente a medicamentos de manipuladores de alimentos na Universidade de Gondar

Salmonella resistente a medicamentos

ScienciaScripts

Imprint

Cover image: www.ingimage.com

This book is a translation from the original published under ISBN 978-3-659-36236-1.

Publisher:
Sciencia Scripts
is a trademark of
Dodo Books Indian Ocean Ltd. and OmniScriptum S.R.L publishing group

120 High Road, East Finchley, London, N2 9ED, United Kingdom
Str. Armeneasca 28/1, office 1, Chisinau MD-2012, Republic of Moldova, Europe
Printed at: see last page
ISBN: 978-620-8-09660-1

Índice:

RECONHECIMENTO

A minha sincera gratidão e respeito vão para o Dr. Legesse Garedew, o meu principal orientador, pela sua excelente orientação científica e esforços incansáveis para tornar este trabalho uma realidade. O meu sincero apreço vai também para o Sr. Amsalu Feleke, meu co-orientador, pelo seu contributo científico e encorajamento.

Gostaria de agradecer à Faculdade de Medicina e Ciências da Saúde, ao Instituto de Saúde Pública, à Universidade de Gondar e a Angolelana tera woreda por me terem dado a oportunidade de realizar este tipo de estudo.

Gostaria também de agradecer a todos os que me ajudaram durante a recolha de amostras, a investigação laboratorial e os estatísticos que me aconselharam na análise e gestão dos dados.

Por último, mas não menos importante, os meus agradecimentos especiais vão também para a Faculdade de Medicina Veterinária, Saúde Pública Veterinária e Microbiologia da Universidade de Gondar, por me ter dado todo o apoio laboratorial para a realização do trabalho de investigação. Além disso, gostaria de agradecer ao Sr. Bidir Zegeye pelo seu apoio entusiástico e cooperativo durante o trabalho laboratorial e às minhas famílias e amigos que me encorajaram e apoiaram.

Resumo

Introdução: Os manipuladores de alimentos com higiene pessoal deficiente e falta de conhecimentos sobre segurança alimentar podem ser a fonte de agentes patogénicos de origem alimentar. As espécies de *Salmonella* estão entre os agentes patogénicos bacterianos mais comuns de origem alimentar em todo o mundo e a sua infeção é um dos principais problemas de saúde pública global. Durante a última década, a resistência aos antibióticos e a multirresistência das espécies de *Salmonella* aumentaram muito, especialmente nos países em desenvolvimento.

Objetivo: O objetivo deste estudo é avaliar a prevalência e o padrão de suscetibilidade antimicrobiana das espécies de *Salmonella* entre os manipuladores de alimentos que trabalham na Universidade de Gondar, Noroeste da Etiópia, 2013.

Método: Foi realizado um estudo transversal de 10 de fevereiro a 30 de junho de 2013 na Universidade de Gondar, no laboratório de microbiologia e saúde pública veterinária. Foram recolhidas e analisadas amostras de fezes de manipuladores de alimentos selecionados, utilizando procedimentos operacionais padrão. Os dados foram recolhidos através de um questionário complementado por uma base laboratorial. As espécies de *Salmonella* foram identificadas utilizando o método de identificação e isolamento e testes bioquímicos. Foi também efectuado um teste de suscetibilidade antimicrobiana em cada isolado utilizando o método de difusão em disco de Kirby-Bauer. Após verificação da exaustividade dos dados, estes foram introduzidos no programa Epi info versão 3.5.4 e analisados com o programa SPSS versão 21.

Resultado: De um total de 423 manipuladores de alimentos que participaram no estudo, 303 (71,6%) eram do sexo feminino. A idade média e o desvio padrão dos participantes no estudo foram de 33,5 ±10,5. Trezentos e dois (71,4%) manipuladores de alimentos não tinham qualquer exame médico anterior a espécies de *Salmonella* e 24 (5,7%) eram certificados como manipuladores de alimentos. Treze (3,1%) manipuladores de alimentos foram considerados positivos para espécies de *Salmonella*. Setenta e sete por cento dos participantes infectados com espécies de *Salmonella* tinham entre 18 e 37 anos de idade. Os isolados eram resistentes à amoxicilina, à ampicilina, à cefalotina, ao ácido nalidíxico, à nitrofurantoína, ao sulfametoxazol-trimetoprina e à tetraciclina, respetivamente, 9 (69,2%), 8 (61,5%), 5 (38,5%), 2 (15,4%), 6 (46,2%), 2 (15,4%) e 6 (46,2%). No entanto, todos os isolados foram sensíveis tanto à ceftriaxona como à gentamicina.

Conclusão: Este estudo mostrou uma prevalência de 3,1% de espécies de *Salmonella* nos manipuladores de alimentos, o que indica que os manipuladores de alimentos representam um risco significativo para as populações de estudantes que estão a ser servidas e todos os isolados tinham resistência a pelo menos um dos antimicrobianos testados.

Palavras chave;

Suscetibilidade aos antibióticos, manipuladores de alimentos, Prevalência, *Salmonella*, Etiópia

Capítulo 1

1. INTRODUÇÃO

1.1. Declaração do problema

As infecções humanas causadas por *Salmonella* constituem um problema de saúde pública tanto nos países desenvolvidos como nos países em desenvolvimento (1). A OMS estimou que, a nível mundial, foram notificados anualmente 1,6 milhões de casos e 600 000 mortes de febre tifoide, 1,3 mil milhões de casos de gastroenterite e 3 milhões de mortes associadas a Salmonella (2). A infeção por Salmonella ocorre mais frequentemente em países com baixos padrões de higiene na preparação e manuseamento de alimentos e onde não existe uma eliminação sanitária das águas residuais. Ocorre principalmente nas regiões tropicais e subtropicais, como África, Índia, Paquistão, Sudeste Asiático e América do Sul (3).

A salmonelose de origem alimentar segue-se frequentemente ao consumo de produtos de origem animal contaminados, tais como carne crua, aves de capoeira e ovos. Não lavar as frutas e legumes frescos antes de os consumir, bem como não limpar cuidadosamente as superfícies de trabalho utilizadas para preparar carne crua e outros alimentos na cozinha também podem ser fontes de *Salmonella* (4). Os alimentos também podem ser contaminados por manipuladores de alimentos que não lavam cuidadosamente as mãos com sabão depois de manusearem carne crua ou depois de usarem a casa de banho (5). Os estados de portador dos seres humanos são motivo de preocupação para as instituições de fabrico de alimentos e de serviços alimentares devido ao risco de contaminação dos alimentos(6). Estudos indicaram a ocorrência e distribuição generalizadas de *Salmonella* na Etiópia. Nos últimos anos, o número de surtos de *Salmonella* em seres humanos aumentou consideravelmente no país. Atualmente, sabe-se muito mais sobre a extensão das doenças de origem alimentar e a sua gravidade, não só em termos de doença aguda, mas também em termos de consequências a longo prazo. Os manipuladores de alimentos podem ser infectados por uma vasta gama de enteropatógenos e têm sido implicados na transmissão de muitas infecções ao público na comunidade e a pacientes em hospitais(7). Os estudos indicaram várias percentagens de isolados *de Salmonella* em diferentes cidades da Etiópia. Além disso, verificou-se que elevadas percentagens de isolados de *Salmonella* typhi eram resistentes aos agentes antimicrobianos(8). Apesar deste desafio, a investigação realizada sobre os agentes patogénicos de origem alimentar entre os manipuladores de alimentos é escassa na Etiópia(9).

Na Etiópia, à semelhança de outros países em desenvolvimento, o âmbito limitado dos estudos na área e a falta de sistemas coordenados de vigilância epidemiológica tornaram a salmonelose uma grande preocupação de saúde pública. Devido à escassez de estudos realizados na área, a cultura de rotina de *Salmonella*, que pode testar a natureza da resistência aos antibióticos da *Salmonella*, não pôde ser suficientemente efectuada. Por conseguinte, a natureza da resistência aos antibióticos da *Salmonella* ainda não é claramente compreendida. Consequentemente, a resistência antimicrobiana entre os isolados humanos *de Salmonella* está a aumentar em todo o mundo e deve-se provavelmente à utilização generalizada de agentes antimicrobianos para o tratamento empírico de síndromes febris e como factores de crescimento na produção animal(10). Para além de outros desafios, a elevada prevalência de outras doenças que ameaçam a saúde pública ofuscou a atenção que deveria ser dada à salmonelose (11).Contrariamente aos enormes desafios de saúde pública associados à *Salmonella,* tem sido dada menos atenção a esta bactéria causadora de doenças. Inculcando o fardo, este estudo tem como objetivo reduzir a lacuna da ameaça à saúde pública causada pela Salmonella.

1.2. Revisão da literatura

Os agentes patogénicos de origem alimentar são a principal causa de morte e doença nos países em desenvolvimento, custando milhares de milhões de dólares em cuidados médicos e custos sociais(12). As mudanças nos hábitos alimentares, a restauração colectiva, os procedimentos complexos e morosos de fornecimento de alimentos com o aumento do movimento internacional e as más práticas de higiene foram os principais factores que contribuíram para isso(13). A segurança e a qualidade dos alimentos estão a tornar-se uma questão cada vez mais preocupante e uma séria ameaça para a saúde pública em muitos países. Os contaminantes biológicos, em grande parte bactérias, constituem a principal causa de doenças de origem alimentar(14). As espécies de *Salmonella* têm sido os agentes patogénicos bacterianos mais comuns de origem alimentar entre outros agentes patogénicos encontrados no mundo(15). Só nos Estados Unidos, estima-se que tenham causado 1,4 milhões de casos de doenças de origem alimentar por ano(16).

As doenças de origem alimentar são problemas de saúde pública tanto nos países desenvolvidos como nos países em desenvolvimento. A Organização Mundial de Saúde (OMS) estimou que, nos países desenvolvidos, até 30% das populações sofrem de doenças de origem alimentar todos os anos, enquanto nos países em desenvolvimento se estimam até 2 milhões de mortes por ano (15). À semelhança da OMS e de outros estudos, o Centro de Controlo e Prevenção de Doenças estima que as doenças de origem alimentar são responsáveis por cerca de 48 milhões de doenças, que resultam em 128 000 hospitalizações e 3000 mortes nos Estados Unidos todos os anos e que aproximadamente 1 em cada 6 americanos sofre de doenças de origem alimentar todos os anos (17). Isto indica que as doenças causadas pelo consumo de alimentos contaminados têm um grande impacto económico e na saúde pública a nível mundial.

A propagação de doenças de origem alimentar através dos manipuladores de alimentos é um problema comum e persistente em todo o mundo, a salmonelose pode ser transmitida por portadores crónicos que infectam potencialmente muitos indivíduos, especialmente os que trabalham em indústrias relacionadas com os alimentos. Os factores que contribuem para o estado de portador crónico ainda não foram totalmente explicados. Em média, os serotipos não tifoidais persistem no trato gastrointestinal entre 6 semanas e 3 meses, dependendo dos serotipos. Apenas cerca de 0,1% dos casos de *Salmonella* não tifoide são libertados em amostras de fezes por períodos superiores a 1 ano. Cerca de 2 a 5% das infecções tifóides não tratadas resultam num estado de portador crónico. Até 10% dos casos de febre tifoide convalescente não tratados excretam S.typhi nas fezes durante 1 a 3 meses e entre 1 a 4% tornam-se portadores crónicos, excretando o microrganismo durante mais de um ano(18). Os manipuladores de alimentos portadores de Salmonella podem contaminar os alimentos de indivíduos saudáveis durante a manipulação e processamento de alimentos através de meios feco-orais de transmissão de bactérias utilizando os seus dedos(2).

A Salmonella é um bacilo gram-negativo, móvel e é a mais complexa de todas as *Enterobacteriaceae*, com mais de 2.200 serotipos(19). O género *Salmonella* contém duas espécies: *S. enterica* e *S. bongori*, que eram anteriormente consideradas como subespécies. Seis subespécies são diferenciadas dentro de *S. enterica* com base nas suas caraterísticas bioquímicas e genómicas, a saber: I, *S, enterica* subsp. *enterica*; II, *S. enterica* subsp. *salamae*; IIIa, *S. enterica* subsp. *arizonae*; IIIb, *S. enterica* subsp. *diarizonae*; IV, *S, enterica* subsp. *houtenae*, e VI, *S, enterica* subsp. *indica*) (20). Entre elas, sabe-se que as estirpes dos serogrupos da subespécie enterica causam 99% das infecções por *Salmonella*, o que faz com que a subespécie enterica seja a que mais preocupa a saúde pública no que diz respeito à segurança alimentar (21). As espécies de *Salmonella* podem ser cultivadas a partir de fezes, sangue ou urina. É geralmente negativa para a lactose, negativa para a oxidase, positiva para a catalase e geralmente positiva para o citrato. É serologicamente positiva para os antigénios lipossacáridos O9 e O12, o antigénio flagelar proteico Hd e o antigénio capsular polissacárido Vi. O antigénio Vi é largamente limitado a *S. enterica* serotipo *typhi*, embora seja partilhado por algumas estirpes de *S. enterica* serotipos *hirschfeldii* (paratyphi C) e *dublin*, e

Citrobacter freundii. As espécies de *Salmonella* atacam os hidratos de carbono por fermentação e produzem sulfureto de hidrogénio nos meios Kligler Iron Agar (KIA) e Triple Sugar Iron (TSI)(23). Os isolados desconhecidos que são bioquimicamente sugestivos de *Salmonella* são confirmados utilizando soros policlonais e enviados para laboratórios de saúde pública, onde as designações dos serótipos são feitas com base nas reacções serológicas aos determinantes O e H.

Um estudo efectuado em trabalhadores do sector alimentar no Minnesota, Estados Unidos, mostrou que 12% (129 de 1033) dos trabalhadores do sector alimentar testaram positivo para *Salmonella*. Sessenta e quatro (53%) dos 121 trabalhadores do sector alimentar *positivos para Salmonella* referiram não ter tido uma doença gastrointestinal recente. No geral, a duração média da libertação de *Salmonella* foi de 16 dias. Entre os trabalhadores do sector alimentar que referiram doença gastrointestinal, a duração mediana de excreção foi de 30 dias, em comparação com 3 dias para os trabalhadores do sector alimentar assintomáticos(24). Este estudo mostra que os trabalhadores do sector alimentar infectados são provavelmente uma fonte importante de Salmonella.

Um estudo transversal efectuado entre os trabalhadores do sector alimentar de Bursa, na Turquia, mostrou que um total de 1144 participantes foram entrevistados neste estudo. Foram colhidas amostras fecais de 92,8% do total de participantes, não tendo sido isoladas espécies de *Salmonella* (25). Este estudo sustenta que o exame de saúde periódico é uma necessidade para os trabalhadores da indústria alimentar.

Um estudo efectuado para determinar a incidência e as caraterísticas dos serovares *de Salmonella* entre os manipuladores de alimentos em Kyushu, Japão, indicou que as Salmonella foram isoladas de 0,032% das amostras fecais de manipuladores de alimentos.O estudo demonstra a necessidade de educação sobre o manuseamento sanitário de ovos de galinha e carne de galinha, que são possíveis fontes infecciosas destes serovares de *Salmonella*.

Um estudo nigeriano entre manipuladores de alimentos foi conduzido para analisar o conhecimento e as práticas comportamentais dos manipuladores de alimentos em bukas (um tipo de restaurante local) em Lagos, sobre a febre tifoide revelou que mais de metade (62,2%) lavava as mãos com água apenas antes de comer, enquanto 27,7% não lavava as mãos sempre antes de preparar os alimentos. Tal como a maioria dos estudos, este estudo concluiu que os manipuladores de alimentos desempenham um papel proeminente na transmissão da febre tifoide e, por isso, é importante que os manipuladores de alimentos estejam bem informados sobre o seu estado de higiene e sobre as causas da transmissão da febre tifoide e sobre as formas de prevenir a propagação da febre tifoide.

Um estudo realizado em trabalhadores do sector alimentar na Universidade de Hawassa mostrou que, de um total de 272 manipuladores de alimentos rastreados para agentes patogénicos entéricos, 20,6% eram positivos para diferentes tipos de parasitas intestinais. Entre os parasitas, *A. lumbricoides* foi o mais prevalente (9,6%), seguido por *S. stercoralis* (2,2%) e *E. histolytica /dispar* (2,2%). *A Shigella* spp. foi detectada em 0,4% dos manipuladores de alimentos. Não foram detectadas *salmonelas* nas culturas de fezes. Vinte e dois (8,1%) dos manipuladores de alimentos foram positivos para o teste de Widal (28).

Um estudo transversal efectuado entre os manipuladores de alimentos que trabalham nos refeitórios da Universidade de Gondar e do Gondar Teachers Training College, Gondar, Etiópia, mostrou que foram recolhidos conteúdos das unhas de ambas as mãos e amostras de fezes de todos os 127 participantes. As amostras foram examinadas para deteção de bactérias e parasitas intestinais de acordo com os procedimentos habituais. Os estafilococos coagulase-negativos foram as espécies de bactérias predominantes (41,7%), seguidos de *Staphylococcus aureus* (16,5%), espécies de *Klebsiella* (5,5%), *Escherichia coli* (3,1%), espécies de *Serratia* (1,58%), espécies de *Citrobacter* (0,8%) e espécies de *Enterobacter* (0,8%). As espécies de *Shigella* foram isoladas de amostras de fezes de quatro manipuladores de alimentos (3,1%). Nenhum dos manipuladores de alimentos foi positivo para espécies de *Salmonella* e *Shigella* relativamente ao conteúdo das suas unhas (9).

Para diminuir a morbilidade e a mortalidade causadas pelas *salmonelas*, a terapêutica antimicrobiana deve ser iniciada imediatamente. Apesar de existirem dados limitados sobre a resistência antimicrobiana *das salmonelas*, tanto nos seres humanos como nos animais destinados à alimentação humana, foi notificado um aumento da multirresistência associada às *salmonelas* nos seres humanos no Malawi e na Etiópia (29).

Cerca de 17% das espécies de *Salmonella* foram isoladas das amostras de fezes recolhidas de 206 manipuladores de alimentos aparentemente saudáveis que trabalhavam em bukkas em Lagos, Nigéria. Estas eram S. typhi, S. enteritidis, S. choleraesuis, S. paratyphi A e S. arizona com prevalência de 6,8%, 5,3%, 2,9%, 1,5% e 0,5%. Quase todos os isolados eram sensíveis à nitrofurantoína, ao ácido nalidíxico e à ofloxacina, ao passo que todos eram sensíveis à ciprofloxacina e completamente resistentes à tetraciclina, à ampicilina e à amoxicilina (30). Este estudo mostra que, com exceção das fluoroquinolonas, as espécies de *Salmonella* apresentam níveis elevados de resistência à maioria dos antimicrobianos.

Um estudo efectuado para isolar as espécies de *Salmonella* entre os manipuladores de alimentos dos estudantes da Universidade de Adis Abeba, na Etiópia, indicou que foram isoladas oito espécies de *Salmonella* entre 233 manipuladores de alimentos, o que corresponde a uma taxa de isolamento de 3,4%, sendo todas do sexo feminino. Destas, foram isoladas 2 S.typhi, 1 S.paratyphi A e 5 espécies de *Salmonella* não identificadas. Entre os factores de risco associados à salmonelose, o hábito de lavar as mãos depois de ir à casa de banho, com ou sem sabão, teve uma associação estatisticamente significativa com o isolamento de *Salmonellae*, p = 0,003 (OD= 0,07, 95% CI= 0,008-0,58). Os

O perfil de suscetibilidade antimicrobiana mostrou que todos, exceto um, eram resistentes à ampicilina e todos os isolados eram resistentes a pelo menos um dos antimicrobianos testados. O estudo indicou que o perfil de resistência antimicrobiana reflecte que seria um problema grave num futuro próximo(31).

1.3. **Justificação do estudo**

Os agentes patogénicos de origem alimentar continuam a ser a principal fonte de morbilidade e mortalidade em todo o mundo, uma vez que representam um grande desafio tanto para a medicina veterinária como para a medicina humana. Durante as últimas três décadas, registou-se um aumento alarmante da incidência de infecções humanas devidas a *salmonelas* nos países desenvolvidos e em desenvolvimento. Para além disso, a verdadeira incidência nos seres humanos é difícil de avaliar devido à falta de um sistema de vigilância epidemiológica em diferentes áreas, particularmente em países em desenvolvimento como a Etiópia. Devido a este facto, o número de surtos, especialmente em seres humanos, aumentou consideravelmente nos últimos anos(32).

Na Etiópia, a proporção de práticas higiénicas dos manipuladores de alimentos e o seu estatuto relativamente às espécies de *Salmonella* não estão bem estudados. Por conseguinte, este estudo foi concebido para isolar as espécies de *Salmonella* e o perfil de suscetibilidade aos antibióticos dos isolados entre os manipuladores de alimentos do refeitório dos estudantes da Universidade de Gondar, no Noroeste da Etiópia. Os resultados deste estudo contribuirão para o fornecimento de indicações reais sobre a taxa de isolamento de Salmonellae entre os manipuladores de alimentos e o padrão de suscetibilidade aos antibióticos dos isolados na área de estudo. Isto ajudará a conceber estratégias de prevenção e controlo das *salmonelas* na universidade, sensibilizando os participantes no estudo para as *salmonelas* e os problemas de saúde que lhes estão associados.

Capítulo 2

2. OBJECTIVO

2.1. Objetivo geral

Determinar a prevalência e o padrão de suscetibilidade antimicrobiana das espécies de *Salmonella* entre os manipuladores de alimentos que trabalham nos refeitórios dos estudantes da Universidade de Gondar, Noroeste da Etiópia, 2013.

2.2. Objectivos específicos

- Determinar a prevalência de isolados *de Salmonella* entre os manipuladores de alimentos que trabalham nos refeitórios dos estudantes da Universidade de Gondar, no noroeste da Etiópia, em 2013.
- Investigar os padrões de suscetibilidade aos antibióticos das espécies de *Salmonella* isoladas entre os manipuladores de alimentos que trabalham nos refeitórios dos estudantes da Universidade de Gondar, Noroeste da Etiópia, 2013.

Capítulo 3

3. MATERIAIS E MÉTODOS

3.1. Área de estudo

O estudo foi realizado em todos os campus dos refeitórios dos estudantes da Universidade de Gondar e a investigação laboratorial foi efectuada no laboratório de microbiologia e saúde pública veterinária da Universidade de Gondar, no Noroeste da Etiópia. Está situada na zona administrativa de Gondar Norte do Estado Regional Nacional de Amhara, a norte do Lago Tana e a sudoeste das Montanhas Simien. A cidade tem uma latitude e longitude de 12°36'N37°28'E e uma altitude de 2133 metros acima do nível do mar (33).

De acordo com o Recenseamento Nacional da População e da Habitação da Etiópia de 2012, a cidade de Gondar tem uma população total de 254 420 habitantes, dos quais 120 569 são homens e 133 851 são mulheres. A Universidade de Gondar está situada a 727 km a norte da capital, Adis Abeba. O principal estabelecimento de saúde onde os pacientes procuram os serviços de saúde é o Hospital Universitário de Gondar. Trata-se de um hospital de cuidados de saúde terciários que serve a população da cidade de Gondar e das zonas montanhosas remotas do noroeste da Etiópia. A população total servida pelo hospital da Universidade de Gondar é de cerca de 5 milhões de habitantes (34).

A Universidade de Gondar tem um total de 13.653 estudantes inscritos em quatro campus: Tewodros, Maraki, Fasil e Faculdade de Medicina e Ciências da Saúde. A maioria dos estudantes (88%) da universidade encontra-se nos campi de Tewodros e Maraki. Existem dez estabelecimentos de restauração na Universidade de Gondar, incluindo as cafetarias do hospital da Universidade de Gondar. Seiscentos e sessenta e quatro trabalhadores dos refeitórios servem 4985 estudantes.

3.2. Conceção e período do estudo

Foi realizado um estudo transversal de base laboratorial nos refeitórios dos estudantes da Universidade de Gondar de 10 de fevereiro a 30 de junho de 2013.

3.3. População de origem

Todos os manipuladores de alimentos que trabalham na sala de jantar dos estudantes da Universidade de Gondar.

3.4. População do estudo

Indivíduos que trabalham como manipuladores de alimentos na sala de jantar dos estudantes da Universidade de Gondar.

3.5. Critérios de inclusão e exclusão

Critérios de inclusão: Foram incluídos no estudo os manipuladores de alimentos que trabalham na sala de jantar dos estudantes da Universidade de Gondar e que deram o seu consentimento informado.

Critérios de exclusão: Foram excluídos os manipuladores de alimentos que tinham tomado antibióticos nas três semanas anteriores à recolha da amostra.

3.6. Determinação da dimensão da amostra e processo de amostragem

3.6.1. Determinação da dimensão da amostra

A dimensão da amostra foi determinada utilizando uma fórmula de proporção populacional única, tendo em conta os seguintes pressupostos

Za/2=1,96 para a escala padrão de um nível de confiança de 95%,

Nível de precisão=5%

P = uma vez que não foi efectuado qualquer estudo de permeabilidade na área de estudo a este respeito, neste estudo foi utilizada a estimativa de 50% (P =0,5), que produziu o valor máximo para n.

$$n = \frac{p.(1-p)\left(\frac{Z\alpha}{2}\right)^2}{w2} \qquad n = \frac{(1.96)^2 \times 0.5\,(1-0.5)}{(0.05)^2} = 384$$

A dimensão da amostra foi de 423, com uma taxa de não resposta de 10%.

3.6.2 Processo de amostragem

Foi utilizada uma amostragem aleatória simples para selecionar os sujeitos do estudo, depois de obtida a lista completa dos manipuladores de alimentos junto da gestão de recursos humanos da Universidade de Gondar. Foi utilizado um método de sorteio para a seleção aleatória de 194, 73, 87 e 69 participantes no estudo dos campi de Tewodros, Fasil, Maraki e da Faculdade de Medicina e Ciências da Saúde, respetivamente.

3.7. Recolha de dados e processamento laboratorial

3.7.1. Recolha e transporte de amostras

Utilizando um questionário estruturado e pré-testado, as caraterísticas sociodemográficas foram recolhidas através de uma entrevista presencial aos participantes no estudo. As amostras de fezes foram recolhidas dos manipuladores de alimentos com um recipiente de plástico de boca larga devidamente rotulado e um aplicador de madeira limpo. Depois disso, as amostras de fezes foram transportadas para o laboratório de microbiologia veterinária e saúde pública da Universidade de Gondar, Faculdade de Medicina Veterinária, dentro de uma caixa frigorífica, e a análise bacteriológica foi iniciada imediatamente.

3.7.2. Exame bacteriológico

3.7.2.1. Métodos de cultura

Foi utilizada a técnica recomendada pela rede mundial de infecções alimentares da OMS para isolar e identificar os organismos *Salmonella*(35). Cada amostra foi colocada num saco estéril de stomacher e foram adicionados 225 ml de água peptonada tamponada (BPW, Oxoid, Inglaterra) e homogeneizada utilizando um misturador de laboratório (Stomacher 400, Seward, Inglaterra) durante 1 minuto. As amostras de fezes de manipuladores de alimentos foram pré-enriquecidas em BPW numa proporção de 1 g de amostra para 9 ml de BPW. As amostras pré-enriquecidas foram incubadas durante 16 a 20 horas a 37° C. Em seguida, uma alíquota de 1 ml, 1 ml e 0,1 ml dos caldos de pré-enriquecimento foi transferida assepticamente para 10 ml de selenito-cistina (SC), 10 ml de tetrationato (T) e 10 ml de caldo Rappaport-Vassilliadis (RV), misturados e depois incubados durante 18 a 24 horas a 37° **C,** 37° C e 42° C, respetivamente. Após a incubação, uma alçada de cada cultura foi semeada numa placa de ágar verde brilhante (BGA, Oxoid, Inglaterra) e noutra placa de meio de xilose lisina desoxicolato (XLD, Oxoid, Inglaterra) e incubada a 37° C durante 24 a 48 horas. As placas (BGA e XLD) foram examinadas para detetar a presença de colónias de Salmonella. Se o crescimento fosse ligeiro ou se não estivessem presentes colónias típicas de Salmonella, as placas eram reincubadas durante mais 18 a 24 horas e novamente examinadas para detetar a presença de colónias típicas de Salmonella. Uma única colónia positiva que apresentasse uma cor vermelha com um centro preto nos ágares XLD e uma cor vermelha nos ágares BGA, depois de ter crescido durante a noite em ágar nutriente a 37° C, foi utilizada após os testes bioquímicos como teste de confirmação com base na cor vermelha típica das colónias de Salmonella.

3.7.2.2. Testes bioquímicos

Todas as colónias suspeitas de *Salmonella* foram colhidas do ágar nutriente e inoculadas nos seguintes tubos bioquímicos para identificação: Ágar TSI, ágar lisina-ferro, caldo MR-VP, caldo de ureia, teste de indole, teste de utilização de citrato, voges-proskauer e incubados durante 24 ou 48 horas a 37° **C.**As colónias que produzem uma lâmina alcalina com ácido (cor amarela), mas no TSI com produção de sulfureto de hidrogénio, positivas para a lisina (cor púrpura), negativas para a hidrólise da ureia (cor amarela), negativas para o teste do indol (anel castanho-amarelo), negativas para o teste de voges-poskauer, positivas para a utilização de citratos (azul profundo) e positivas para o caldo MR-VP (cor vermelha) foram consideradas *Salmonella* (36) .

3.7.2.3. Teste de suscetibilidade antimicrobiana

Para detetar a suscetibilidade dos isolados aos medicamentos antimicrobianos de rotina, todos os isolados foram testados pelo método de difusão em disco, utilizando as diretrizes estabelecidas pelo NCCLS (37).Um total de 9 discos de antibióticos selecionados (Oxoid, Reino Unido), incluindo Amoxicilina (AML) 2^g, Ampicilina (AMP) 10^g, Cefalotina (KF) 30^g, Ciftriaxona (Cro) 30^g, Gentamaicina (CN) 10 ^g, Nalidixicacid (NA) 30 ^g, Sulfametoxazol-trimetoprina (SXT) 25 ^g, Teteraciclina (TE) 30 ^g e Nitrofurantoína (F) 100 ^g foram aplicados no teste. Os isolados foram cultivados em meio Agar Mueller Hinton com um inóculo de 10^5 organismos/ml, seguido de uma incubação de 24 horas e interpretados utilizando um protocolo padrão. O organismo utilizado para o controlo de qualidade foi a *E. coli* (ATCC 25922), que era suscetível a todos os medicamentos testados. As categorias suscetível, intermédia e resistente foram atribuídas com base nos pontos críticos recomendados pelo NCCLS.

3.8. Variáveis do estudo

Variável dependente

- Prevalência de espécies de *Salmonella*
- Padrões de suscetibilidade antimicrobiana dos isolados

Variáveis independentes

Sexo, idade, habilitações literárias, ano de serviço, hábito de lavar as mãos, estado das unhas, exame médico periódico, formação em higiene alimentar recebida, fonte de água potável e utilização de latrinas

3.9. Definição operacional

Manipulador de alimentos: Pessoa responsável pela preparação, manipulação, transporte de alimentos, suplementos alimentares e materiais e pela limpeza do refeitório dos alunos.

3.10. Questões relacionadas com o controlo da qualidade dos dados

Antes da recolha efectiva de dados, o questionário da versão inglesa foi traduzido para amárico (língua local da área de estudo) para entrevistar os participantes do estudo e depois foi traduzido novamente para inglês por um profissional de saúde para verificar a consistência. Antes da recolha efectiva de dados, a qualidade dos dados foi assegurada através do pré-teste do questionário a 5% da amostra total de participantes no estudo, por manipuladores de alimentos que trabalham na escola de formação de professores de Gondar. Além disso, foi dada formação de um dia aos responsáveis pela recolha de dados (quatro enfermeiros e um assistente de laboratório) sobre os procedimentos de recolha de dados, como abordar os participantes no estudo e como recolher uma amostra e processá-la. Com base nos resultados do pré-teste, foram introduzidos alguns ajustamentos no questionário e foram dadas instruções adicionais aos responsáveis pela recolha de dados. Os dados foram apurados diariamente e a sua exaustividade foi verificada pelo investigador principal.

As amostras dos sujeitos do estudo foram manuseadas de acordo com o procedimento operacional normalizado do laboratório. O bom funcionamento dos instrumentos, os reagentes laboratoriais e o desempenho técnico foram verificados diariamente através da utilização de amostras de controlo de qualidade antes de analisar as amostras dos participantes e juntamente com as amostras dos participantes.

Durante a introdução dos dados, procedeu-se a uma verificação cruzada para assegurar que os dados corretos foram introduzidos corretamente. Todos os meios de cultura foram preparados de acordo com as instruções dos fabricantes. Foram seguidas técnicas asépticas durante a amostragem, o transporte e a inoculação da amostra para evitar a contaminação cruzada. Cada lote de meio preparado a partir de ingredientes individuais foi testado quanto à esterilidade, à capacidade de suportar o crescimento dos organismos-alvo e à capacidade de produzir reacções bioquímicas adequadas. Para controlar os erros de identificação (resultados de cultura falsos positivos e falsos negativos) e para verificar a potência dos discos de antibióticos, foram utilizadas estirpes de referência padrão de *E. coli (*ATCC 25922) sensíveis a todos os medicamentos antimicrobianos como organismos de controlo de qualidade. Todas as amostras foram colhidas de acordo com o procedimento operacional normalizado (38).

3.11. Processamento e análise de dados

Os dados foram limpos e introduzidos utilizando o Epi-Info versão 3.5.4. Os dados foram depois transferidos e analisados utilizando o SPSS versão 21. As estatísticas descritivas, tais como percentagem, proporção, intervalo, mediana e média, foram aplicadas para calcular os dados. Os dados foram gerados utilizando o procedimento de frequência (FREQ) e expressos em percentagem. Os resultados foram resumidos através de percentagens e apresentados em tabelas.

3.12. Considerações éticas

Foi obtida a aprovação ética do Conselho de Revisão Institucional do Instituto de Saúde Pública da Faculdade de Medicina e Ciências da Saúde da Universidade de Gondar. Foi obtida autorização oficial do Gabinete do Reitor da Universidade de Gondar e do Gabinete do Reitor dos estudantes de cada campus. Antes da inspeção, os responsáveis pela recolha de dados obtiveram o consentimento informado dos participantes no estudo. Cada inquirido foi informado do objetivo do estudo e foi garantida a confidencialidade das informações recolhidas. Além disso, foi assegurado aos inquiridos o direito de se retirarem do processo em qualquer altura, caso se sentissem desconfortáveis com o processo de recolha de dados. Os participantes que obtiveram resultados positivos para Salmonella neste estudo foram encaminhados para as clínicas dos campi para tratamento posterior, mediante discussão com os profissionais de saúde das clínicas universitárias.

Capítulo 4

4. RESULTADOS

Um total de 423 manipuladores de alimentos foram entrevistados e examinados neste estudo, com uma taxa de resposta de 100%. Trezentos e três (71,6%) eram do sexo feminino. A idade média e o desvio padrão foram de 33,5±10,5 anos, variando entre 18 e 60 anos. Também foram gerados dados com base no estado civil, responsabilidade profissional, religião e ano de serviço em refeitórios (Tabela 1).

Dos 423 manipuladores de alimentos, 24 (5,7%) declararam ter recebido formação e certificação em manipulação e preparação de alimentos de diferentes instituições de formação alimentar, 248 (58,6%) receberam formação e não foram certificados e 151 (35,7%) declararam não ter recebido formação e certificação. Cento e vinte e um (28,6%) indivíduos praticavam exames médicos periódicos, ao passo que a maioria dos participantes, 302 (71,4%), referiu não praticar exames médicos periódicos. Da mesma forma, apenas 146 (34,5%) não aparavam as unhas e 277 (65,5%) aparavam as unhas.

A maioria dos participantes no estudo 373 (88,2%) eram cristãos ortodoxos, 201 (47,5%) casados e 214 (50,6%) eram responsáveis pela preparação de alimentos e empregados de mesa, enquanto uma avaliação do seu ano de serviço nas salas de jantar indicou que a maioria 326 (77,1%) tinha 2-9 anos de serviço (Quadro 1).

Tabela 1: Caraterísticas sócio-demográficas dos manipuladores de alimentos que trabalham nos refeitórios dos estudantes da Universidade de Gondar de 10 de fevereiro a 30 de junho de 2013 (N=423).

Caraterísticas sócio-demográficas		**Número de participantes testados**	**Percentagem (%)**
Sexo	Masculino	303	71.6
	Feminino	120	28.4
Religião	Ortodoxo	373	88.2
	Muçulmano	24	5.7
	Protestante	18	4.3

	Católico	6	1.4
	Outros	2	0.5
Estado civil	Casado	201	47.5
	Individual	114	27.0
	Divorciado	62	14.7
	Separados	29	6.9
	Viúva	17	4.0
Ano de serviço nas salas de jantar	< 1 ano	45	10.6
	2-9 anos	326	77.1
	Mais de 10 anos	52	12.3
Responsabilidade profissional	Preparação de alimentos e empregados de mesa	214	50.6
	Limpadores	48	11.3
	Copos	98	23.2
	Outros	63	14.9

Estatuto das espécies de *Salmonella* dos manipuladores de alimentos

Os exames de fezes revelaram que, dos 423 manipuladores de alimentos examinados, 13 estavam infectados com espécies de *Salmonella*, dando uma taxa de prevalência de 3,1%. Todas as treze espécies de Salmonella foram isoladas de manipuladores de alimentos do sexo feminino.

A maioria (65,5%) dos manipuladores de alimentos tinha entre 18-37 anos e destes, 77% estavam infectados com espécies de *Salmonella*. O nível mais elevado de infeção (46,2%) encontrava-se no grupo etário dos 28-37 anos. Do total de participantes, 376 (88,9%) tinham formação académica. Dos instruídos, (76,9%) estavam infectados e dos não instruídos, (23,1%). Em geral, o nível mais elevado de infeção (53,8%) estava associado ao 14º ano de escolaridade (Tabela 2).

Quadro 2: Prevalência de espécies de Salmonella por grupo etário e habilitações literárias entre os manipuladores de alimentos que trabalham nos refeitórios dos estudantes da Universidade de Gondar de 10 de fevereiro a 30 de junho de 2013 (N=423)

Classificação		**Total testado**	**Salmonela positiva**
		Número (%)	Número (%)
Faixa etária	18-27	134(31.7%)	4(30.8%)
	28-37	143(33.8%)	6(46.2%)
	38-47	101(23.9%)	0%
	48-57	38(8.9%)	2(15.4%)
	>58	7(1.7%)	1(7.6%)
Formação académica	Não é possível ler e escrever	11(2.6%)	1(7.7%)
	Apenas leitura e escrita	36(8.5%)	2(15.4%)
	1-4 anos	163(38.5%)	7(53.8%)
	5-8 anos	113(26.7%)	0(0%)
	9-12 anos	95(22.5%	3(23.1%)
	>12 graus	5(1.2%)	0(0%)

Do total, 45 (10,6%) manipuladores de alimentos servidos nos refeitórios dos alunos por um período inferior a um ano, 3 (23,1%) foram positivos para espécies *de Salmonella* e 32 (11,8%) deles receberam formação em manipulação e preparação de alimentos de diferentes instituições de formação alimentar. Trezentos e vinte e seis (77,1%) manipuladores de alimentos servidos no refeitório dos estudantes por um período de 2-9 anos tinham 8 (61,5%) espécies de *Salmonella* e 208 (76,4%) deles tinham formação em manipulação e preparação de alimentos de diferentes instituições de formação alimentar. Os restantes, 2 de 52 (12,3%) positivos, foram detectados em pessoas servidas há mais de dez anos, 32 (11,8%) das quais tinham recebido formação em manuseamento e preparação de alimentos. Isto indica que a taxa de isolamento foi mais elevada entre os manipuladores de alimentos servidos nas salas de jantar dos estudantes durante um período de 2-9 anos, uma vez que a maioria não recebeu formação em manipulação e preparação de alimentos.

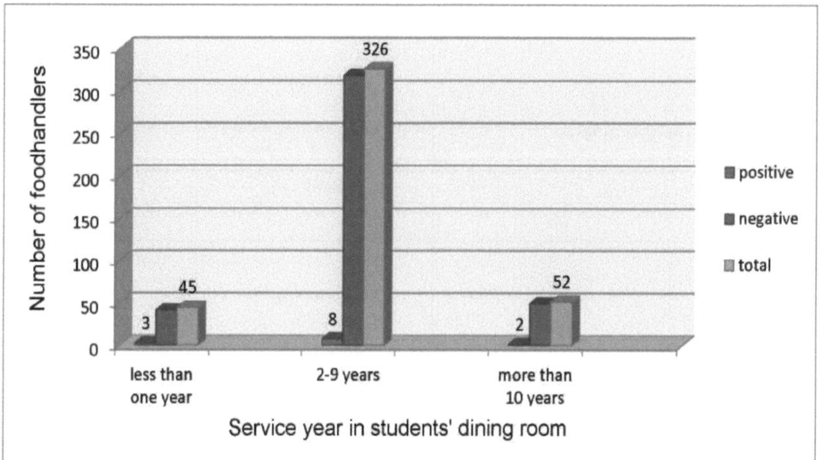

Figura 1: Prevalência de espécies de Salmonella entre os manipuladores de alimentos do refeitório dos estudantes da Universidade de Gondar, de acordo com os anos de serviço, de 10 de fevereiro a 30 de junho de 2013

Todos os manipuladores de alimentos que trabalhavam nos refeitórios dos estudantes da Universidade de Gondar tinham o hábito de utilizar latrinas e também usavam água da torneira como principal fonte de abastecimento de água.

Com base no resultado da entrevista, 277 (65,5%) dos manipuladores de alimentos nos refeitórios dos estudantes da Universidade de Gondar tinham as unhas cortadas. Destes, 3 (1,1%) manipuladores de alimentos eram positivos para a espécie *Salmonella*. Os restantes, 10 de 146 (34,5%) positivos, foram detectados em pessoas que não aparavam as unhas.

Entre os 423 manipuladores de alimentos examinados, 121 (28,6%) tinham sido submetidos a exames médicos em diferentes alturas da sua vida. Destes, 2 (1,6%) manipuladores de alimentos foram positivos para espécies de *Salmonella.* Por conseguinte, a taxa de isolamento foi mais elevada entre os não praticantes do que entre os praticantes de exames médicos, ou seja, 11 (3,6%) dos 302 manipuladores de alimentos.

No que respeita ao hábito de lavar as mãos, a maioria dos participantes no estudo 277 (65,5%) lavava as mãos antes de manipular alimentos, 300 (77,9%) lavavam as mãos depois de ir à casa de banho, enquanto uma avaliação do hábito de lavar as mãos depois de tocar em materiais indicava que a maioria 339 (80,1%) não as lavava (Quadro 3).

Quadro 3: Hábito de lavagem das mãos dos manipuladores de alimentos, em relação às espécies de Salmonella, que trabalham nas salas de jantar dos estudantes da Universidade de Gondar de 10 de fevereiro a 30 de junho de 2013 (N=423)

Hábito de lavar as mãos		**Total testado**	***Salmonela* positiva**
		Número (%)	Número (%)
Antes da manipulação dos alimentos	Sim, com água e sabão	86(20.3%)	0(0%)
	Sim, apenas com água	277(65.5%)	9(69.2%)
	Não lavado	60(14.2%)	4(30.8%)
Depois da casa de banho	Sim, com água e sabão	81(19.2%)	5(38.5%)
	Sim, apenas com água	300(70.9%)	8(61.5%)

	Não lavado	42(9.9%)	0(0%)
Depois de tocar em materiais sujos	Sim, com água e sabão	33(7.8%)	4(30.8%)
	Sim, apenas com água	51(12.1%)	1(7.7%)
	Não lavado	339(80.1%)	8(61.5%)

Padrões de suscetibilidade antimicrobiana de espécies de *Salmonella* de manipuladores de alimentos

Das 13 espécies de *Salmonella* submetidas a um teste de suscetibilidade antimicrobiana, utilizando um painel de 9 antimicrobianos diferentes, registou-se uma variação, conforme indicado no Quadro 4. A maioria dos isolados 11 (84,6%) foi considerada sensível ao ácido nalidíxico e ao sulfametoxazol-trimetoprina, enquanto 7 (53,8%), 5 (38,5%), 4 (30,8%) e 3 (23,1%) foram sensíveis à nitrofurantioína, à cefalotina, à ampicilina e à amoxacilina, respetivamente.

Sete (56,8%) isolados de *Salmonella* foram sensíveis à tetraciclina, enquanto 6 (46,2%) apresentaram resultados resistentes. No entanto, todos os isolados foram sensíveis tanto à ciftriaxona como à gentamicina.

Tabela 4: Padrões de suscetibilidade antimicrobiana de espécies de Salmonella contra diferentes antibióticos de manipuladores de alimentos que trabalham nas salas de jantar dos estudantes da Universidade de Gondar de 10 de fevereiro a 30 de junho de 2013.

Agentes antimicrobianos(gg)	**Padrões de suscetibilidade aos antibióticos**		
	Sensível (%)	Intermédio (%)	Resistente (%)
Amoxacilina (AML2)	3 (23.1%)	1 (7.7%)	9 (69.2%)
Ampicilina (AMP10)	4 (30.8%)	2 (15.4%)	7 (54.8%)

Cefalotina (KF30)	5 (38.5%)	3 (23%)	5 (38.5%)
Ciftriaxona (CRO30)	13 (100%)	0 (0%)	0 (0%)
Gentamaicina (CN10)	13 (100%)	0 (0%)	0 (0%)
Ácido nalidíxico (NA30)	11 (84.6%)	0 (0%)	2 (15.4%)
Sulfametoxazol-trimetoprina (SXT25)	11 (84.6%)	0 (0%)	2 (15.4%)
Tetraciclina (TE30)	7 (53.8%)	0 (0%)	6 (46.2%)
Nitrofurantoína (F100)	7 (53.8%)	(0%)	6 (46.2%)

Nenhum dos isolados *de Salmonella* identificados foi sensível a todos os discos antimicrobianos testados. Por conseguinte, todos os isolados eram resistentes, pelo menos, a um dos nove agentes antimicrobianos testados, dos quais 11 (84,6%) eram multirresistentes (MDR). Analisando cada fármaco antimicrobiano, a resistência à amoxacilina foi a mais frequentemente observada, seguida da ampicilina, da tetraciclina e da nitrofurantoína.

Tabela 5: As espécies de Salmonella identificadas e o seu padrão de resistência antimicrobiana entre os manipuladores de alimentos do refeitório dos estudantes da Universidade de Gondar de 10 de fevereiro a 30 de junho de 2013.

Isolados	**Resistência antimicrobiana observada**	**Número de agentes antimicrobianos aos quais foi observada resistência**
SS27	AML, AMP, SXT, TE, F	5
SS42&SS24	AML, AMP, KF	3

SS10	AML,AMP	2
SS20	AML,KF	2
SS17	ET	1
SS1&SS18 SS8	AMP, TE, F AML, KF, NA, F	3 4
SS11	AML, AMP, TE, F	4
SS4	LMA, F	2
SS33	AML, AMP, NA, SXT, TE	5
SS30	KF	1

Legenda:AML-Amoxacilina,AMP-Ampicilina,F-Nitrofurantoína,KF-Cefalotina,SXT Sulphamethoxazole-trimetoprine,TE-Tetracycline,SS27,42,24,10,20,17,1,18,8,11,4,33,30 Espécies *de Salmonella* 27,42,24,10,20,17,1,18,8,11,4,33,30

Capítulo 5

5. DISCUSSÃO

Os agentes patogénicos de origem alimentar são a principal causa de morte e doença nos países em desenvolvimento, custando milhares de milhões de dólares em cuidados médicos e custos sociais (12). A investigação sobre os agentes patogénicos de origem alimentar entre os manipuladores de alimentos é escassa na Etiópia (9).

Os resultados deste estudo revelam que 3,1% dos manipuladores de alimentos tinham espécies de *Salmonella*, o resultado foi consistente com o estudo realizado em Adis Abeba (3,4%) (31) e noutro estudo realizado no Gana, *a Salmonella* tifoide foi detectada em 2,3% das amostras fecais dos vendedores de alimentos (39).

A taxa de prevalência de espécies de *Salmonella* neste estudo é inferior à de outros estudos. Por exemplo, no estudo efectuado em Jacarta, *a Salmonella* foi isolada de 7% dos espécimes fecais dos vendedores ambulantes e empregados de restaurantes (40). E também 19,2% entre os manipuladores de alimentos no Gana (39) e 18% na Nigéria (41). A prevalência mais baixa no presente estudo pode dever-se ao facto de os manipuladores de alimentos na Universidade de Gondar terem um melhor hábito de lavar as mãos depois de usarem a casa de banho e antes de manipularem os alimentos e também ao facto de haver mais manipuladores de alimentos com formação em manipulação e preparação de alimentos do que os manipuladores de alimentos que trabalham em restaurantes, cafetarias e vendedores ambulantes.

Pelo contrário, foram registadas taxas de prevalência mais baixas de *Salmonella* em diferentes estudos em comparação com este estudo. Por exemplo, os relatórios de Gondar mostraram que *as* espécies de *Salmonella* não foram isoladas dos manipuladores de alimentos que trabalhavam numa cafetaria de estudantes da Universidade de Gondar e na escola de formação de professores de Gondar (9). Além disso, nenhum dos manipuladores de alimentos foi positivo para espécies de *Salmonella* num estudo realizado em trabalhadores do sector alimentar da Turquia (25). Do mesmo modo, não foram identificadas *Salmonella* por métodos microbiológicos a partir de amostras de fezes no estudo realizado em Hawassa (28). No estudo efectuado no sul da Etiópia, foram isoladas espécies de *Salmonella* a partir de 0,93% de amostras fecais de manipuladores de alimentos assintomáticos (42). Num estudo realizado no Japão sobre a taxa de transporte *de Salmonella* entre os trabalhadores do sector alimentar, foram recolhidas 331 644 amostras fecais de trabalhadores de hotéis, supermercados, fábricas de alimentos e restaurantes; apenas 106 (0,032%) das amostras fecais albergavam *Salmonella* (26). No estudo efectuado em 151 trabalhadores do sector alimentar que trabalhavam numa faculdade de medicina no Norte da Índia, não foram detectadas *Salmonella* em nenhuma das amostras fecais (43). A dimensão da amostra e a higiene pessoal dos manipuladores de alimentos podem ajudar a explicar esta discrepância. Além disso, isto pode dever-se ao mau hábito de lavar as mãos após tocar em materiais sujos com água e sabão.

Neste estudo, a maioria dos manipuladores de alimentos que trabalhavam nas salas de jantar tinha entre 18 e 37 anos. A maioria tinha baixos níveis de escolaridade, o que está de acordo com um estudo anterior realizado na cidade de Mekelle, no Norte da Etiópia (44). Cento e vinte e um (28,6%) manipuladores de alimentos fizeram exames médicos periódicos no passado, o que é mais elevado do que um relatório da cidade de Mekelle (22,7%) (44). No entanto, nenhum dos manipuladores de alimentos fez exames médicos num estudo realizado em Bahir Dar (8).

No presente estudo, registou-se uma elevada prevalência de *Salmonella* no grupo etário dos 18-37 anos, o que é semelhante ao estudo realizado em Adis Abeba (31). Isto pode dever-se ao facto de o estado de portador crónico de Salmonellae ocorrer mais frequentemente em mulheres de meia-idade (45).

Na investigação atual, a prevalência da infeção por *Salmonella* foi mais elevada nas mulheres; este facto é apoiado pelo estudo anterior no Gana (39) e na Etiópia (31). Isto pode dever-se ao facto de as mulheres se dedicarem sobretudo à preparação e manuseamento de alimentos.

A prática de lavagem das mãos dos manipuladores de alimentos depois de irem à casa de banho é elevada, o que está de acordo com o que foi relatado anteriormente na cidade de Gondar (89,5%) (9) e em Bahir Dar (90,6%) (8). No entanto, a maioria dos manipuladores de alimentos no nosso estudo não praticava a lavagem das mãos depois de tocar em materiais sujos. Isto reflecte a falta de sensibilização dos manipuladores de alimentos para a contaminação dos alimentos com práticas de higiene deficientes.

Os manipuladores de alimentos infectados podem estar na fase assintomática e albergar milhões de organismos infecciosos nas suas fezes sem qualquer sintoma de infeção. Neste estudo, 20,3% dos manipuladores de alimentos lavam corretamente as mãos com água e sabão antes de prepararem e manipularem os alimentos, enquanto 79,7% dos manipuladores de alimentos que não lavam corretamente as mãos foram infectados por espécies de *Salmonella*. Isto é alarmante porque uma das principais fontes de transferência de agentes patogénicos, como as espécies de *Salmonella*, é através da lavagem incorrecta das mãos. Este estudo apresentou uma taxa mais baixa de lavagem das mãos antes da manipulação e preparação dos alimentos do que o estudo nigeriano (27). Pelo contrário, noutro estudo nigeriano (41), sobre a avaliação da higiene entre os manipuladores de alimentos numa universidade nigeriana, verificou-se uma frequência muito baixa de higiene das mãos e um fraco conhecimento e prática de higiene alimentar entre os manipuladores de alimentos.

No presente estudo, os resultados do teste de suscetibilidade antimicrobiana revelaram que os isolados de *Salmonella* eram resistentes à amoxicilina em 69,2%, o que confirma um relatório anterior na Nigéria (46), segundo o qual, nos últimos anos, diferentes tipos de espécies de *Salmonella* se tornaram progressivamente mais resistentes a antibióticos clinicamente úteis, incluindo (cloranfenicol, amoxicilina e cotrimoxazol).Esta resistência das espécies de *Salmonella* à amoxicilina pode ser atribuída ao elevado nível de utilização deste medicamento, ao seu preço relativamente mais barato e ao facto de estar facilmente disponível para a comunidade local se tratar. Este facto provoca um potencial de utilização indevida, anunciando assim o aparecimento de estirpes resistentes de espécies de *Salmonella.* Este estudo também indicou que houve um aumento da resistência antimicrobiana das salmonelas isoladas de manipuladores de alimentos à ampicilina e à tetraciclina. Sete das treze Salmonellae isoladas (54,8%) eram resistentes à ampicilina. Este resultado está de acordo com um resultado de Jimma, Etiópia, que registou 54% de resistência à ampicilina (42). No entanto, difere de um resultado encontrado em Addis Ababa (87,5%), Bahir Dar (100%) e Tamil nadu, Índia (91,8%), onde os isolados eram resistentes à ampicilina (31), (8), (47).

Neste estudo, todos os isolados *de Salmonella* eram susceptíveis à Gentamicina e à Ceftriaxona, o que está de acordo com outros estudos realizados em Lagos (27) e na Etiópia (31). A Ceftriaxona é um medicamento relativamente recente, que pode provavelmente ser utilizado pela comunidade com menos frequência e é também mais dispendioso. Estes factores podem ser responsáveis pela baixa taxa de resistência registada para os medicamentos ceftriaxona e gentamicina. Também se observou uma boa eficácia do ácido nalidíxico para a *Salmonella*, em que 11 (84,6%) de 13 isolados eram sensíveis, o que está de acordo com um estudo efectuado em Tamil Nadu, na Índia (48), e outro estudo efectuado em Lagos, na Nigéria, onde quase todos os isolados eram sensíveis ao ácido nalidíxico (27). Esta diferença em relação ao ácido nalidíxico pode dever-se à exposição prévia repetida do medicamento noutros países e não nesta área de estudo, ou pode ser dispendioso e raramente prescrito no nosso meio.

CONCLUSÃO

Este estudo mostrou uma prevalência de espécies de *Salmonella* de 3,1% em manipuladores de alimentos. Além disso, este estudo também mostra que todos os isolados de Salmonellae tinham uma resistência pelo menos a um dos antimicrobianos testados, o que sugere a necessidade de uma atenção séria para conter ou impedir o desenvolvimento de resistência aos medicamentos. Isto indica que os manipuladores de alimentos podem transmitir doenças de origem alimentar às populações estudantis que são servidas nas salas de jantar dos estudantes. Os manipuladores de alimentos que albergam espécies de *Salmonella* devem ser excluídos do trabalho até serem tratados e estarem completamente curados. Estes manipuladores de alimentos devem ser submetidos a um controlo médico antes de serem contratados. O tratamento dos manipuladores de alimentos que são casos de espécies de *Salmonella* basear-se-ia na suscetibilidade antibiótica dos isolados, de modo a diminuir o desafio da resistência.

RECOMENDAÇÕES

Para a administração da Universidade;

> A intervenção de educação sanitária sobre segurança e higiene alimentar deve ser reforçada para garantir a segurança dos alimentos durante a transformação, preparação e armazenamento

> Exame médico periódico, orientado e contínuo, do estado de saúde dos manipuladores de alimentos

> Os manipuladores de alimentos devem ser encorajados a desenvolver bons hábitos de higiene pessoal, a manterem-se limpos e vestidos e a serem obrigados a seguir bons procedimentos sanitários durante o serviço.

Para os investigadores;

> Recomenda-se a continuação da investigação sobre a serotipagem das espécies de *Salmonella*

> São necessários mais estudos para revelar as causas do aumento dos padrões de resistência aos antibióticos

FORÇA DO ESTUDO

O estudo utilizou meios e reagentes de elevada qualidade e um número relativamente elevado de participantes no estudo examinados para deteção de espécies de *Salmonella*, em comparação com outros estudos anteriores, o que indica uma imagem precisa da verdadeira taxa de transporte. Além disso, o presente estudo examinou os padrões de suscetibilidade antimicrobiana para as espécies de *Salmonella* isoladas.

LIMITAÇÕES DO ESTUDO

Devido à falta de instalações, não foi possível efetuar a identificação e os padrões de suscetibilidade dos serótipos, o que nos teria proporcionado uma visão mais aprofundada da distribuição das estirpes e da extensão dos padrões de suscetibilidade aos antibióticos na área, e a cultura de sangue teria apresentado melhores resultados para identificar as espécies de *salmonelas* tifóides.

REFERÊNCIAS

Organização Mundial de Saúde. Segurança Alimentar - Doenças transmitidas por alimentos e gestão da cadeia de valor para a segurança alimentar ("Forging links between Agriculture and Health" CGIAR on Agriculture and Health Meeting in WHO/HQ). 2007.

Oosterom JM. Estudos epidemiológicos e propostas de medidas preventivas na luta contra a salmonelose humana. *Int J Food Microbiol.* 1991;**12**:41-51.

Organização Mundial de Saúde. Viagens internacionais e saúde.OMS. 2010.

Hohmann EL. Salmonelose não tifoide. *Clin Infect Dis.* 2001; **32**:263 - 9.

Organização Mundial de Saúde. Vigilância sanitária e procedimentos de gestão do pessoal que manipula alimentos. OMS; Genebra: 1989;7-36.

Todd EC. Epidemiology of foodborne diseases: a worldwide review (Epidemiologia das doenças de origem alimentar: uma revisão mundial). *World Health Stat Q.* 1997;**50**:30-50.

Khurana S, Taneja N, Thapar R, Sharma M, Malla N. Intestinal bacterial and parasitic infections among food handlers in a tertiary care hospital of North India. *Trop Gastroenterol.* 2008;**29**:207-9.

Abera B, Biadegelgen F, Bezabih B. Prevalência de Salmonella typhi e parasitas intestinais entre os manipuladores de alimentos na cidade de Bahir Dar, Noroeste da Etiópia. *Ethiop J Health Dev.* 2010;**24**(1):46-50.

Andargie G, Kassu A, Moges F, Tiruneh M, Huruy K. Prevalência de bactérias e parasitas intestinais entre os manipuladores de alimentos na cidade de Gondar, Noroeste da Etiópia. *Journal of Health Population and Nutrition.* 2008;**26**(4):451-5.

Bukitwetan P, Suryawidjaja JE, Salim ChO, Hidayat A, Herwana E, Lesmana M. Distribuição de serovares e suscetibilidade a antibióticos de Salmonella não phoidal isolada de doentes pediátricos em Jacarta, Indonésia. *Southeast Asian J Trop Med Public Health.* 2007

Nov;**38**(6):1088-94.
Voetsch AC, Van Gilder TJ, Angulo F, Farley MM, Shallow S, Marcus R. Foodnet estimate of the burden of illness caused by nontyphoidal Salmonella infections in the United States. *Clin Infect Dis*. 2004;**38**:127-34.
Fratamico PM, Bhunia AK, Smith JL. Food borne pathogens in Microbiology and Molecular Biology. Caister Academic press. 2005.
Hedberg CW, Levine WC, White KE, Carlson RH, Winsor DK, Cameron DN, et al. Um surto internacional de Shigellosis de origem alimentar associado a uma companhia aérea comercial. JAMA. 1992;**268**:3208-12.
Kaferstein FK. A segurança alimentar como uma questão de saúde pública para os países em desenvolvimento. Focus 10, brief of 172020 Vision for Food, Agriculture and the Environment. 2003.
Organização Mundial de Saúde. Food safety and food borne illness; WHO media center fact sheet, food safety department. Genebra: 2007.
Mead PS, Slutsker L, Dietz V, McCaig LF, Bresee JS, Shapiro C, et al. Doenças e mortes relacionadas com a alimentação nos Estados Unidos. *Emerg Infect Dis*. 1999;**5**: 607-25.
Scallan E, Hoekstra RM, Angulo FJ, Tauxe RV, Widdowson MA, Roy SL, et al. Doenças de origem alimentar adquiridas nos Estados Unidos - principais agentes patogénicos. *Emerg Infect D. é* 2011;**17**:7-15.
Parry CM. Epidemiological and clinical aspects of human typhoid fever. Nova Iorque: Cambridge University Press;2006.
Guthrie R. Taxonomy and Grouping of the Salmonella: CRC press; 1991.
Grimont PAD, Weill FX. Fórmulas antigénicas dos serovares de Salmonella.2007;150.
Bell C, Kyriakides A. Salmonella: Blackwell Science Ltd; 2002.
AnushtupDE , Prabal MS, Bashir B, Kaundal R, Kalra N. Cólon transverso perfurações na febre entérica. *International Journal of Tropical Medici.n e* 2010;**5**(3):58-61.
Ochei JM, Kolkhatar HI. Ciência do Laboratório Médico: Teoria e Prática.

Índia: Tata Mc-Graw Hill Publishing Company Limited New-Delhi; 2000.
Medus C, Smith KE, Bender JB, Besser JM, Hedberg CW. Surtos de Salmonella em restaurantes no Minnesota, de 1995 a 2003: avaliação do papel dos manipuladores de alimentos infectados. *Journal of food protection.* 2006;**69**(8):1870-8.
Pala K, Ozakin C, Akis N, Sinirtas M, Gediko S, Aytekin H. Transporte assintomático de bactérias em trabalhadores do sector alimentar no distrito de Nilüfer, Bursa, Turquia. *Turk J Med S. ci* 2010;**40**(1):133-9.
Murakami K, Ishihara T, Horikawa K, Oda T. Caraterísticas dos serovares de Salmonella entre os manipuladores de alimentos em Kyushu, Japão. *New Microbiological.* 2007;**30**:155-9.
Smith S I, Agomo CO, Bamidele M, Opere BO, Aboaba OO. Inquérito aos manipuladores de alimentos em bukas (um tipo de restaurante local) em Lagos, Nigéria, sobre a febre tifoide. http://wwwscirporg/journal/HEALTH/. 2010; **2**:951-6.
28. Desta M. Prevalence of Salmonella and Shigella among Food Handlers in Catering Establishments in Hawassa University, Hawassa, Ethiopia 2010.
29.Hendriksen RS, Mikoleit M, Kornschober C, Rickert RL, Duyne SV, Kjelso C, et al. Emergência de Infecções por Salmonella Concord Multidroga-Resistente na Europa e nos Estados Unidos em Crianças Adoptadas da Etiópia 2003-2007. *Pediatr Infect Dis J* .2009 ; **28**:814-8.
30.Smith S I, Bamidele M, Goodluck HA, Rowora MN, Omonigbehn EA, Opere BO. Antimicrobial susceptibilities of Salmonellae isolated from foodhandlers and cattle in Lagos, Nigeria (Suscetibilidade antimicrobiana de Salmonellae isolada de manipuladores de alimentos e gado em Lagos, Nigéria). *Int j Health Res.* 2009;**2**:189-93.
Getnet F. Isolamento de espécies de Salmonella entre manipuladores de alimentos aparentemente saudáveis do café dos estudantes da Universidade de Adis Abeba, Adis Abeba, Etiópia. 2011.

Molla B, Mesfin A, Alemayehu D. Multiple antimicrobial-resistant Salmonella serotypes isolated from chicken carcass and giblets in Debre Zeit and Addis Ababa, Ethiopia. *The Ethiopian Journal of Health Development*. 2003;**17**:131-49.

.Gondar [base de dados na Internet]. 2013 [citado em 13 de junho]. Disponível em: http://en.wikipedia.org/w/index.php?

Tessema B, Muche A, Bekele A, Reissig D, Emmrich F, Sack U. Treatment outcome of tuberculosis patients at Gondar University Teaching Hospital, Northwest Ethiopia. Um estudo retrospetivo de cinco anos. *BMC Saúde Pública*. 2009;**9**:371.

Rede Mundial de Infecções Transmitidas por Alimentos da OMS. Protocolo laboratorial de isolamento de salmonella spp. de alimentos e fezes de animais. 2010.

Organização Internacional de Normalização 6579. Microbiologia dos géneros alimentícios e dos alimentos para animais - método horizontal para a deteção de Salmonella. ISO Genebra.1998.

Comité Nacional para a Norma de Laboratório Clínico. Diagnóstico e tratamento da resistência antimicrobiana grave das espécies de Shigella. *Doenças Infecciosas IV*. 2003; **20**(4):183-200.

Cheesbrough M. District Laboratory Practice in Tropical Countries - Parte 2. New York: Cambridge University Press; 2006.

Feglo PK, Frimpong EH, Essel-Ahun M. Salmonellae carrier status of food vendors in Kumasi, Ghana. *Jornal Médico da África Oriental*. 2004;**81**:358-61.

Vollaard AM, Ali S, Van Asten HAGH, Suhariah Ismid I, Widjaja S, LG V. Factores de risco para a transmissão de doenças de origem alimentar em restaurantes e vendedores ambulantes em Jacarta, Indonésia.*Epidemiologia e Infeção*.2004;*132*:863-72.

Okojie OH, Wagbatsoma VA, Ighoroge AD. Uma avaliação da higiene alimentar entre os manipuladores de alimentos num campus universitário

nigeriano. *Nigerian Post- graduate Medical Journal*. 2005;**12**(2):93-6.
Misganaw B, David W. A Study of Salmonella Carriage among Asymptomatic FoodHandlers in Southern Ethiopia (Um estudo do transporte de Salmonella entre manipuladores de alimentos assintomáticos no sul da Etiópia). *Jornal Internacional de Nutrição e Ciências Alimentares* 2013;**2**(5):243-5.
Malhotra R, Lal P, Prakash SK, Daga MK, Kishore J. Study of hand hygiene and enteroparasite infestation among food handlers working in a medical college of North India. *Indian Journal of Pathology and Microbiology*. 2006;**49**:296-301.
Zeru K, Kumie A. Condições sanitárias dos estabelecimentos alimentares na cidade de Mekelle, Tigray, norte da Etiópia. *Ethiop J Health Dev*. 2007;**21**(1):3-11.
CDC. Relatório de doenças transmitidas por alimentos. 2005 janeiro 10.
Chukwuani CM, Okonkwo PO, Ifudu ND. Fleroxacin vs Ciprofloxacin in the management of typhoid fever. *Clinical Drug Investigation*. 1998;**16**:279-88.
Valli A, Selvan N, Sudha A, Dhananjeyan V, Iyappan P. Screening of asymptomatic typhoid carriers from nail samples from roadside foodhandlers in Tamil nadu, India. *Investigação atual em Bacteriologia*. 2010;**3**:238-44.
Senthilkumar B, Prabavaran G. Salmonella Typhi multirresistente em portadores assintomáticos de febre tifoide entre os manipuladores de alimentos no distrito de Mamakkal, Tamil nadu.Indian. *Journal of Medical Microbiology*.2005;**23**(2):92-4.
Robertson FM, Addy ME, Mensah PA, Crupper SS . Caracterização molecular da resistência aos antibióticos em S.typhi clínicos no Gana. *FEMS Microbiol Lett*. 2002;**215**:249-53.

ANEXO

ANEXO 1 QUESTIONÁRIO VERSÃO INGLESA

Universidade de Gondar Faculdade de Medicina e Ciências da Saúde

Instituto de Saúde Pública

PREVALÊNCIA E PADRÕES DE SUSCEPTIBILIDADE ANTIMICROBIANA DE ESPÉCIES DE ESPÉCIES DE *SALMONELAS* ENTRE OS MANIPULADORES DE ALIMENTOS QUE TRABALHAM NA UNIVERSIDADE DE GONDAR, NOROESTE DA ETIÓPIA

Consentimento informado

Saudações,

Data ________________ Código do autor da pergunta

Não ________________

Olá! O meu nome é ___________da Faculdade de Medicina da Universidade de Gondar e Ciências da Saúde, Instituto de Saúde Pública. Estou a trabalhar com uma equipa de investigação da Faculdade de Medicina e Ciências da Saúde da Universidade de Gondar.

O Instituto de Saúde Pública está a realizar um estudo sobre a prevalência de espécies de Salmonella e o seu padrão antimicrobiano. Solicita-se que seja incluído no estudo, que será importante para melhorar a saúde pública. A entrevista demorará cerca de 30 minutos. Nenhuma informação que lhe diga respeito, enquanto indivíduo, será transmitida a outro indivíduo ou instituição sem o seu consentimento. A sua participação é voluntária e tem o direito de não participar total ou parcialmente. Se concordar em ser incluído no estudo, começarei as minhas perguntas por fazer pontos de identificação gerais. Só respostas honestas contribuirão para melhorar o planeamento da saúde. O estudo foi aprovado pela Universidade de Gondar. "Posso continuar?"

Em caso **afirmativo**, continuar a entrevista

Em caso **negativo**, agradecer e interromper a entrevista

Nome do entrevistador _____________ Assinar _Data da entrevista_______

Nome do supervisor Assinar Data

Não.	Perguntas	Resposta	Código
1	**Condição sócio-demográfica**		
101	Sexo	Masculino Feminino	
102	Idade em anos	A.18-27 B.28-37 c. 38-47 D.48-57 E.>58	
103	Religião	Ortodoxo Muçulmano Católico Protestante Outros (Especificar)	
104	Estado civil	Solteiro(a) Casado(a) Divorciado(a) Viúvo(a) Separado(a)	
105	Educacional Realização	A. Analfabeto B. Apenas leitura e escrita C. 1-4 Grau D. 5-8 anos E. 9-12 anos F. >12 Grau	
106	Emprego no refeitório dos estudantes	A. Preparação e empregado de mesa B. limpador C.Béquer D.outros/especificar	
107	Ano de serviço	A.<1 ano B.2-10 anos C. > 10 anos	

2	Práticas dos manipuladores de alimentos		
201	A unha do manipulador de alimentos é cortada curta?	A. Sim B. Não	
202	O manipulador de alimentos efectua exames médicos periódicos?	A. Sim B. Não	
203	O manipulador de alimentos tem formação sobre a preparação e manuseamento de alimentos?	A. Sim e Certificado B. Sim, mas não certificado C. Não e não certificado	
204	Hábito de lavar as mãos	1. antes da manipulação dos alimentos A. Sim, com água e sabão B. Sim, apenas com água C. Não 2. depois da casa de banho A. Sim, com água e sabão B. Sim, apenas com água C. Não 3. depois de tocar em materiais sujos A. Sim, com água e sabão B. Sim, apenas com água C. Não	
3	**Ambiental Factores**		
301	Utilização de latrinas	A. Sim B. Não	
302	Fonte de abastecimento de água	Tubo Engarrafado Outros, especificar	

ANEXO 2MATERIAIS DE LABORATÓRIO E REAGENTES UTILIZADOS NO ESTUDO

Materiais de laboratório		**Reagentes e produtos químicos de laboratório**
Pipeta de alta precisão Dicas Misturador Vortex Frigorífico Pipeta Pasteur Forno seco Bico de Bunsen Algodão Gaze	Autoclave Stomacher Centrífuga incubadora de tubos de ensaio Balança Balão Laço de fio do calibrador	Caldo de cistina selenito Ágar XLD Agar férrico com açúcar triplo Ágar lisina-ferro Meio de teste de motilidade Base de ágar ureia Meio de citrato de Simmons BD BBLTM Sensi-DiscTM discos para teste de suscetibilidade antimicrobiana, EUA Ágar verde brilhante Salmonella shigella agar água peptonada tamponada Rappaport-Vassiliadis Soy Broth Tetrathionate broth nutrient agar

ANEXO 3 PROCEDIMENTOS LABORATORIAIS

A. Diagrama de fluxo para isolamento/identificação de *Salmonella* a partir de Alimentos / Alimentos para animais

Pré-enriquecimento não seletivo

25 g de alimentos / fezes / fezes em 225 ml de água peptonada tamponada a 0,1% (36° +/-1°C, 24 h.)

↓

Enriquecimento seletivo

0,1 ml em 10 ml de caldo de soja Rappaport-Vassiliadis (41,5° +/- 0,5°C, 24 h.)
1 ml em 10 ml de caldo de tetrationato (Müller-Kauffman) (36° +/-1°C, 24 h.)

↓

Isolamento

XLD com uma ansa de inoculação (36° +/-1°C, 24 h.)
BGA com uma ansa de inoculação (36° +/-1°C, 24 h.)

↓

Colónias suspeitas em ágar nutriente (36° +/-1°C, 24 h.)

↓

Confirmação bioquímica (36° +/-1°C, 24 h.)

Ágar Tríplice Açúcar-Ferro (TSI)

Ágar ureia

Ágar Lisina-Ferro

Motilidade

Teste do indole

Teste do citrato

Teste MR-VP

↓

Serotipagem

O-antigénios

Antigénios H

Fase I (37°C, durante a noite) Fase II

B. Procedimento para o teste de sensibilidade antimicrobiana

1. Utilizando uma ansa de arame esterilizada, foram colhidas 3-5 colónias bem isoladas e emulsionadas em solução salina normal esterilizada.
2. A turbidez preparada foi comparada com um padrão de turbidez (0,5 McFarland) para obter uma suspensão equivalente.
3. Utilizou-se uma zaragatoa estéril para inocular a suspensão, estriando-a uniformemente na placa de ágar Mueller Hinton (Oxoid) preparada e seca. Em seguida, deixou-se atuar durante 3-5 minutos.
4. Utilizou-se uma pinça estéril para colocar os discos antimicrobianos a pelo menos 15 mm de distância e do bordo das placas para evitar a sobreposição das zonas de inibição nas placas inoculadas.
5. 30 minutos após a aplicação do disco, a placa foi incubada a 37OC durante 16-18 horas.
6. Após incubação nocturna a 37 oC, as zonas claras produzidas pela inibição antimicrobiana do crescimento bacteriano foram medidas ao milímetro mais próximo utilizando paquímetros metálicos.
7. O diâmetro da zona foi interpretado utilizando um gráfico interpretativo definido pelo Clinical and Laboratory Standards Institute.

ANEXO 4: MODELO DE PEDIDO E REGISTO DE LABORATÓRIO

A.

Universidade de Gonder, Faculdade de Medicina e Ciências da Saúde, Instituto de Saúde Pública Saúde	
FORMULÁRIO DE PEDIDO DE LABORATÓRIO	
Número da etiqueta:	Hora da recolha da amostra _________
Campus:	
SexoMDFQ	Data da recolha da amostra //
Resultados laboratoriais	
Cultura de fezes	
Nome do pessoal do laboratório	assinatura

B. Formato do teste de suscetibilidade antimicrobiana para espécies de Salmonella

Nitrofurantoína (Fioo)	Interpretação tR-I-S)													
	ZOI (iiE/mm)													
Teteraciclina (TE30)	Interpretação tR-I-S)													
	ZOI tue/mm)													
Sulfametoxazol -trimetoprina (SXT)25	Interpretação tR-I-S)													
	ZOI tue/mm)													
Ácido nalidíxico (NA)30	Interpretação tR-I-S)													
	ZOI tue/mm)													

Ampicilina (Amp 10)		Cefalotina (KF)30		Ciftriaxona (Cro3 o)		Gentamaicina (CN10)	
ZOI tue/mm)	Interpretação tR-I-S)	ZOI t iiE/mm)	Interpretação tR-I-S)	ZOI tue/mm)	Interpretação tR-I-S)	ZOI t iiE/mm)	Interpretação tR-I-S)

Não	Código S.	Amoxacilina (Aml)2	
		ZOI tue/mm)	Interpretação tR-I-S)

C. Formato de teste bioquímico para espécies de Salmonella

S. Não	Meios selectivos	Tipo de amostra	Confirmação bioquímica de salmonelas												Comentário
			ETI				VP	TRANSPORTE DE VALORES	Indol	Urease	SIM	LIA			
			Inclinação	Rabo	H2o	Gás						inclinação	bunda	H2o	

ANEXO 5 : INTERPRETAÇÃO DOS TESTES

A. Interpretação dos testes bioquímicos (ISO 6579, 1998)

Teste[1]) e reação	Observação		Típico Reação *a salmonelas*	% de inoculações *de Salmonella* que apresentam as reacções)[2]
	Positivo	Negativo		
ETI - utilização da glucose	+, rabo amarelo		Positivo	100
ETI-formação de gás	+, bolsa de gás no meio	-, sem gás	Positivo	91.9 3)
ETI - utilização da lactose	+, a inclinação torna-se amarela	-, cor da inclinação inalterada	Negativo	99.24)
ETI - utilização de sacarose	+, a inclinação torna-se amarela	-, cor da inclinação inalterada	Negativo	99.5 (a)
ETI - Produção de H2S	+, rabo preto e/ou inclinado	-, sem escurecimento	Positivo	91.6 (b)
Separação da ureia, produção de urease	+, a inclinação torna-se cor-de-rosa / vermelho	-, cor da inclinação inalterada	Negativo	99
Descaroxilação da lisina, produção de lisina descarboxilase	+, o rabo continua roxo	-, o rabo fica amarelo	Positivo	94.65)

Reação da betagalactosidase	+, cor amarela	-, incolor após 24 horas	Negativo	98.54)
Voges-Proskauer (caldo MR-VP), acetoína derivada da glucose	+, vermelho	-, incolor	Negativo	100
Teste do indole (utilização de triptofano)	+, camada de reagente vermelho escuro (água de triptose)	-, camada de reagente amarela	Negativo	98.9
Citrato de Simmons, utilização de citrato	+, azul	-, verde	Positivo	

1) Ewing, W.H. e Ball, M.M. "*The biochemical reactions of members of the genus* Salmonella. "National Communicable Disease Center, Atlanta, Geórgia, EUA (1996).

2) Estas percentagens indicam apenas que nem todas as estirpes de *Salmonella* apresentam as reacções assinaladas com + ou Estas percentagens podem variar de país para país e de produto alimentar para produto alimentar.

3) . A Salmonella typhi é anaerogénica.

4) . O subgénero III de Salmonella (Arizona) apresenta reacções positivas ou negativas à lactose, mas é sempre positivo à beta-galactosidase. O subgénero II de Salmonella apresenta uma reação negativa à lactose, mas uma reação positiva à beta-galactosidase. Para o estudo das estirpes, pode ser útil efetuar testes bioquímicos complementares.

5) . S. paratyphi A é negativo.

(a)= Algumas estirpes podem utilizar um ou ambos os substratos

(b)= Podem ser encontrados produtores lentos de H2S. A reação de H2S pode ser inibida em estirpes que utilizam lactose e/ou sacarose.

A. Ponto de paragem interpretativo para testes de suscetibilidade antimicrobiana *de Salmonella* e *Shigella*

Antimicrobianos	**Valor de referência, difusão em disco (mm)**		
	Sensível	Intermediário	Resistente

Ampicilina, AMP	>17	14-16	<13
Cefotaxima, CTX	>27		<27
Ceftazidima, CAZ	>22		<22
Ceftriaxona, CRO	>25		<25
Cloranfenicol, CHL	>18	13-17	<12
Ciprofloxacina, CIP	>23mm (1pg) ou >30mm (5ug)		<23mm (1 pg) ou <30mm (5 pg)
Gentamicina, GEN	>15	13-14	<12
Ácido nalidíxico, NAL	>19	14-18	<13
Estreptomicina, STR	>15	12-14	<11
Sulfonamidas, SMX	>17	13-16	<12
Tetraciclina, TET	>15	12-14	<11
Trimetoprim, TMP	>16	11-15	<10
Trimetoprim +sulfametoxazol, TMP+SMX, SXT	>16	11-15	<10

ANEXO 6 FICHA DE INFORMAÇÃO

Nome do investigador: Nishanwork Wondafrash:

Nome da organização:- Universidade de Gondar, Faculdade de Medicina e Ciências da Saúde, Instituto de Saúde Pública.

Tópico da investigação: PREVALÊNCIA E ANTIMICROBIANOS PADRÃO DE SUSCEPTIBILIDADE DAS ESPÉCIES DE *SALMONELA* ENTRE OS MANIPULADORES DE ALIMENTOS QUE TRABALHAM NA UNIVERSIDADE DE GONDAR, NOROESTE DA ETIÓPIA.

Objetivo da investigação: Determinar a prevalência e o padrão de suscetibilidade antimicrobiana das espécies de *Salmonella* entre os manipuladores de alimentos que trabalham na Universidade de Gondar, Noroeste da Etiópia, 2013.

Introdução

Esta ficha de informação e o formulário de consentimento foram preparados para explicar o estudo em que está a ser convidado a participar. Por favor, ouça com atenção e faça quaisquer perguntas sobre o estudo antes de concordar em participar. Pode fazer perguntas em qualquer altura depois de participar no estudo. O investigador inclui um estudante do último ano de licenciatura em saúde pública do Instituto de Saúde Pública, Faculdade de Medicina e Ciências da Saúde, Universidade de Gondar, e dois conselheiros da Universidade de Gondar.

Procedimento

Para atingir o objetivo planeado, um técnico de laboratório com formação irá recolher amostras de fezes. O estudo vai incluir os manipuladores de alimentos que trabalham na cafetaria dos estudantes da Universidade de Gondar. Os testes de cultura e de suscetibilidade antimicrobiana serão efectuados no laboratório de microbiologia e saúde pública veterinária da Faculdade de Medicina Veterinária da Universidade de Gondar. Recolha de informações sobre a idade, o sexo, o estado civil, os anos de serviço, o nível de escolaridade, o nível de formação e os hábitos de lavagem das mãos de cada manipulador de alimentos. Não é necessário dizer o seu nome ao coletor de dados e todas as suas respostas e os resultados obtidos serão mantidos confidencialmente através da utilização de um sistema de codificação, pelo que ninguém terá acesso às suas respostas.

Risco ou incómodo

Durante a recolha de amostras de fezes, não há acidentes nem dores associadas. O procedimento de recolha de amostras e a interpretação dos resultados não representam qualquer dano ou risco para a organização. Toda a informação é mantida confidencialmente.

Benefício

Será dada uma explicação clara, uma vez que os resultados dos testes laboratoriais não lhes serão cobrados. Saberão se estão infectados com *salmonela* e serão aconselhados a prevenir-se contra outros membros da família e da comunidade da Universidade de Gondar. Graças à sua participação neste projeto, a situação e a distribuição da *salmonela* serão conhecidas e isso ajudará a sua família e a comunidade.

Confidencialidade

As informações recolhidas neste projeto de investigação serão mantidas confidenciais e as informações sobre si recolhidas neste estudo serão guardadas num ficheiro, sem o seu nome, mas com um número de código atribuído. Não serão reveladas a ninguém, exceto ao investigador principal, e serão mantidas fechadas com chave.

Incentivos aos participantes

Não há incentivos por causa da participação. A participação é uma escolha livre.

Quem contactar:

Se tiver alguma questão, contacte as seguintes pessoas.

1. Nishanwork Wondafrash, Tele, +2510935663036, Email:nishan.we86@yahoo.com
2. Legesse Garedew (Dr.) Tele +251 0911114956, Email: legesse_lg@yahoo.com
3. Sr. Amsalu Feleke Tele +251 0918771312

ANEXO 7 DECLARAÇÃO

O trabalho de investigação desta tese, intitulado **PREVALÊNCIA E PADRÃO DE SUSCEPTIBILIDADE *ANTIMICROBIANA* DE ESPÉCIES DE *SALMONELLA* ENTRE OS TRABALHADORES DO SECTOR ALIMENTAR DA UNIVERSTY GONDAR, NOROESTE DA ETIÓPIA**, foi realizado por mim sob a supervisão do Prof./Dr./Sr. Legesse Garedew (orientador principal) e Prof./Dr/ Sr. Amsalu Feleke (co-orientador) na Faculdade de Medicina e Ciências da Saúde, Instituto de Saúde Pública, Universidade de Gondar, para a atribuição do grau de MPH na especialidade de saúde pública veterinária. Declaro que este trabalho é original e não foi apresentado a nenhuma outra universidade ou instituição.

Investigador: Nishanwork WondafrashAssinatura: ______________

Local de apresentação: Instituto de Saúde Pública, Faculdade de Medicina e Ciências da Saúde, Universidade de Gondar.

Data de apresentação: _______

Esta tese foi submetida a exame com a minha aprovação como orientador.

Nome dos conselheirosAssinatura

1. Dr. Legesse Garedew (DVM, MSc, Professor Assistente) ______________
2. Sr. Amsalu Feleke (MPH, Professor Associado) ______________

MIX
Papier aus verantwortungsvollen Quellen
Paper from responsible sources
FSC® C105338

Printed by Books on Demand GmbH, Norderstedt / Germany